U0112347

THE 7 HABITS ON THE GO

Timeless Wisdom for a Rapidly Changing World

7

高效能人士的七个习惯

每周挑战并激励自己的实践指南

［美］史蒂芬·柯维 Stephen R. Covey　　肖恩·柯维 Sean Covey　著

中国青年出版社

图书在版编目（CIP）数据

高效能人士的七个习惯·每周挑战并激励自己的实践指南 /（美）史蒂芬·柯维，（美）肖恩·柯维著；麦丽斯译.—北京：中国青年出版社，2023.11

书名原文：The 7 Habits on the Go: Timeless Wisdom for a Rapidly Changing World

ISBN 978-7-5153-7051-4

Ⅰ.①高…　Ⅱ.①史…②肖…③麦…　Ⅲ.①习惯性—能力培养—通俗读物

Ⅳ.①B842.6-49

中国国家版本馆CIP数据核字（2023）第191017号

高效能人士的七个习惯·每周挑战并激励自己的实践指南

作　　者：[美]史蒂芬·柯维　肖恩·柯维

译　　者：麦丽斯

责任编辑：宋希晔

美术编辑：杜雨萃

出　　版：中国青年出版社

发　　行：北京中青文文化传媒有限公司

电　　话：010-65511272/65516873

公司网址：www.cyb.com.cn

购书网址：zqwts.tmall.com

印　　刷：北京博海升彩色印刷有限公司

版　　次：2023年11月第1版

印　　次：2023年11月第1次印刷

开　　本：880mm×1230mm　1/32

字　　数：30千字

印　　张：5.25

京权图字：01-2021-4541

书　　号：ISBN 978-7-5153-7051-4

定　　价：59.90元

版权声明

目录

前　言　　　　　　　　　　　　　　　　　　009

简　介　　　　　　　　　　　　　　　　　　015

思维方式与原则

第1周　定义效能　　　　　　　　　　　　　019

第2周　效仿好的品格　　　　　　　　　　　021

第3周　审视你的思维方式　　　　　　　　　023

习惯一　积极主动

第4周　在刺激和回应之间暂停一下　　　　　027

第5周　成为一个转变之人　　　　　　　　　029

第6周　拒绝消极语言　　　　　　　　　　　031

第7周　运用积极语言　　　　　　　　　　　033

第8周　缩小关注圈　　　　　　　　　　　　035

第9周　扩大影响圈　　　　　　　　　　　　037

第10周　全天都积极主动　　　　　　　　　　039

习惯二　以终为始

第11周　行动之前就决定结果　　　　　　　　043

第12周　庆祝你的八十岁生日　　　　　　　　045

第13周　完善你的使命宣言　　　　　　　　　047

第14周　重新思考一段关系　　　　　　　　　049

第15周　分享你的使命宣言　　　　　　　　　051

第16周　平衡你的角色　　　　　　　　　　　053

习惯三　要事第一

第17周　设定一个目标　　　　　　　　　　　057

第18周　充分利用你的时间　　　　　　　　　059

第19周　为第一象限作准备　　　　　　　　　061

第20周　生活在第二象限　　　　　　　　　　063

第21周　规划你的一周　　　　　　　　　　　065

第22周　面临选择时，保持真我　　　　　　　067

第23周　排除不重要的事项　　　　　　　　　069

第24周　保守承诺　　　　　　　　　　　　　071

从个人领域的成功到公众领域的成功

第25周　建立情感账户　　　　　　　　　　　　075

第26周　道歉　　　　　　　　　　　　　　　　077

第27周　原谅　　　　　　　　　　　　　　　　079

习惯四　双赢思维

第28周　双赢思维　　　　　　　　　　　　　　083

第29周　避免匮乏心态　　　　　　　　　　　　085

第30周　培养富足心态　　　　　　　　　　　　087

第31周　平衡勇敢和体谅　　　　　　　　　　　089

第32周　达成双赢协议　　　　　　　　　　　　091

第33周　给予赞扬　　　　　　　　　　　　　　093

习惯五　知彼解己

第34周　练习同理心倾听　　　　　　　　　　　097

第35周　敞开心扉　　　　　　　　　　　　　　099

第36周　避免自传式倾听　　　　　　　　　　　101

第37周　寻求理解　　　　　　　　　　　　　　103

第38周　互联网+时代，学会同理心倾听　　　　105

习惯六 统合综效

第39周 从差异中学习   109

第40周 统合综效地解决问题   111

第41周 寻找第三种选择   113

第42周 尊重差异   115

第43周 就接受差异的开放度评分   117

第44周 破解障碍   119

第45周 用好他人的优势   121

习惯七 不断更新

第46周 实现"每日个人领域的成功"   125

第47周 保证你的身体健康   127

第48周 增强你的精神活力   129

第49周 拓展你的智力边界   131

第50周 健全你的社会/情感方式   133

第51周 给自己留出一点时间   135

第52周 控制新技术对你的影响   137

打造你的优势

使命宣言建立者 140

让你的遗产变得具体 143

使命宣言调查问卷 147

能激发使命和目标的想法 151

学会自我肯定 154

7个习惯精华 159

史蒂芬·柯维 161

前　言

在我为富兰克林柯维公司工作近25年的时间里，它一直是全球绩效改进领域的领导者，世界上有多少人把我们的联合创始人史蒂芬·柯维博士的开创性著作《高效能人士的七个习惯》称为《成功人士的七个习惯》或《高效率者的七个习惯》，这一直让我感到惊讶。对于一些人来说，这似乎是一个微小的区别，但事实上，柯维博士对"高效能人士"的用词是非常深思熟虑的。

柯维博士所做的一切都旨在提高人们的效能，所以，要铭记这一伟大思想遗产的价值，它帮助了人们不仅仅是在个人方面而且是在与他人互动方面都大大提升了效能。

"七个习惯"中前三个习惯关注的是如何在你自己的生活中变得更高效；它们是关于"个人领域的成功"，与自我的胜利。掌握自己的行为、态度、优先事项、使命和目标。接下来的三个习惯与我们与他人的互动有关，如父母、配偶、领导、朋友、同事或邻居，我们称之为"公众领域的成功"。至于最后一个习惯，它是关于更新的，它包含了所有其他的习惯。

读到"七个习惯"时，我的顿悟时刻是柯维博士对"高效"和"高效能"之间区别的阐述。这是一个重要的区别，任何人都不应该忽视——拥有一个高效的心态和拥有一个高效能的心态之间的区别。

我一直是一个效率很高的人。认识我的人都知道，我每天早上4点就起床，写文章，为我的书写框架。我也喜欢列清单。例如，我的周六时间就是非常高效的：上午9点，我洗了车，跑到超市买了整理院子的用品，清理了草坪，洗了澡，准备开始新的一天。在大多数人看来，我的工作效率很高。我喜欢快速、大批量地做事，这让我生活的大部分时间都很高效，包括我的职业生涯。

我不想让你认为我在贬低效率。不，在生活中，高效是一个很好的品质。事实上，许多成就斐然的人都非常高效。你可以在会议、流程、短信和电子邮件中保持高效；以及在倒垃圾和清理草坪的时候保持高效。有很多方法可以提高效率。问题是，我已经接受了这种"效率模式"——如果你愿意这么命名它的话，也可以说是一种效率心态——在我生命的大部分时间里，我把它复制到我的人际关系中，无论是社交关系还是工作关系，结果往往很糟糕。

多亏了《高效能人士的七个习惯》，我有了自己的顿悟：你不可能在人际关系中变得高效。在他的书中，柯维博士谈到了高效的人在人际关系中是如何不去追求高效的。每个习惯都有自己的时间，对我来说，《高效能人士的七个习惯》最宝贵的一课是明白什么时候我应该以效率的心态工作，什么时候我应该采用效能原则。我认为柯维博士最伟大的名言之一是："对人来说，慢就是快，快就是慢。"你必须慢下来，慢慢来，用心倾听，才能建立起高度信任、持久的关系。

作为一名领导，无论是正式的还是非正式的，当有人来找你，想和你就某个问题进行交流时，你可能会考虑关掉笔记本电脑，摘下眼镜，关掉手机，真正地和站在你对面或坐在你对面的人沟通。"人是组织最有价值的资产"这种想法简直是胡说八道。这根本不是真的。人并不是组织最宝贵的资产。相反，是这些人之间的关系创造了组织文化和竞争优势。

让我再说一次：你不可能在人际关系上寻求"高效"。这就是我最大的教训。我真的很感激这样一个事实：我试着把我最大的天赋"效率"运用到每件事上，之后才意识到，"哦，也许这就是为什么我的一些关系不太好，或者我的生活中有冲突的原因。也许这就是为什么有些人偶尔会觉得我无礼粗鲁，或者注意力不集中。"直到我读了柯维博士的书，我才明白我在生活中一个领域的天赋实际上是另一个领域的负担。它阻碍了我与人建立深厚、信任的关系。而且，当我成为丈夫和父亲时，我越来越清楚地认识到，任何根植于"效能原则"（而非"效率心态"）的关系都更加持久、有益、互惠和有意义。

那么，我希望读者能从这本改变了我生活的书的这一版本中学到什么呢？现在每个人都在努力提高工作效率。这个快速发展的世界要求我们一心多用，我们中的许多人做得太多了，超出了我们的承受范围；在这种背景下，《高效能人士的七个习惯·每周挑战并激励自己的实践指南》意识到并不是每个人都有精力和时间去阅读或重读一本完整的书。而这本书可以把柯维博士的一些关键见解浓缩成简短的短语、凝练的术语和名言，让人们从一个简单、快速的参考指南中受益，而不会让读者错过或是遗漏任何一个深刻的见解。这本书轻松易读，所以是一本简单易懂的入门书，它以一种易于阅读、易于实践的形式来呈现这些深刻的原则。

希望这本书能帮助你认识到，你生活中最重要的部分总是植根于你的人际关系中，我们都需要意识到，在人际关系中，我们要学会区分效能与效率，重视和发挥效能的重要作用。

斯科特·杰弗里·米勒
《从管理混乱到领导成功》的作者

简　介

欢迎阅读《高效能人士的七个习惯·每周挑战并激励自己的实践指南》。在接下来的一周、一个月或一年里——无论你想在这段旅程中投入多少时间——我邀请你走出你的舒适区，改变你的思维模式，改善和修复你的关系，总的来说，无论是个人还是职业，都成为一个更高效能的人。你可能在想"是啊，肖恩。我现在要做的事太多了——我没有时间再做一件事了。"但这正是我们创作这本书的原因。它是在行进中的，快速的和有效的。每天花几分钟读一节，然后问自己本周的问题（也停下来思考一下），接受挑战。提升自己的秘诀不是一夜之间做出巨大的改变。而是每天为自己创造小小的胜利。如果你每天花几分钟试着比昨天做得更好，你就会达到你的目标。每天你都可以抽出一点时间吸取重要的智慧，这些智慧都来自我父亲史蒂芬·柯维所著的国际畅销书《高效能人士的七个习惯》。

这是一本简短的书，但其中蕴含的道理同样深刻。每一页都教导一个效能的关键原则，并提出挑战，鼓励读者反思，提供一句鼓舞人心的话。如果你是那种喜欢翻阅的人，也没关系。按照你的方式去做。也许你会在等车的时候阅读它，或是在排队的时候，又或是在下载电影的时候——只要坚持下去——你会很欣喜于你这么做了。掌控自己生活的最好方法就是对自己做出承诺，然后遵守承诺。当你踏上这段旅程，遵循这个简单的过程，开始对自己和他人做出并遵守承诺，你就会提高你克服工作和家庭挑战的能力。永远不要忘记，小事成就大事。

祝你享受此次阅读之旅！

肖恩·柯维

《杰出青少年的7个习惯》和

《高效执行4原则2.0》的作者

思维方式与原则

定义效能

Define Effectiveness

☐ 列出你因为想提高效能而需要改变的事情。在完成
卡片上挑战的过程中，一直随身带着这张清单。

问问你自己：

我的工作和生活中最重要的事情是什么？

改变自己的重心，就是在改变自己的影响力。用聚光灯照亮你生命中真正重要的事情，接下来，就是列出在那些领域发生积极改变所需要完成的步骤。

如果你今天开始使用"七个习惯"中的任何一个习惯，就能立即看到效果。但这是一生的冒险，一生的承诺。

——史蒂芬·柯维

效仿好的品格

Model Good Character

- ☐ 想到一些拥有卓越品格的人。
- ☐ 定义他们的生活原则。
- ☐ 你想实施其中哪一条原则?
- ☐ 今天开始行动起来,实践那些原则。

问问你自己：

我有没有以牺牲我的品格为代价找到立竿见影的方法？

我们的个性就像树冠，是人们最先看到的部位。虽然外表、技术和技巧会影响我们的成功，但是持续保持效能的真正源头在于强大的品格——根基所在。

遵循品格、道德准则生活的人有强大、深邃的根基。他们不会受到生活压力的影响，他们不断成长和进步。

——史蒂芬·柯维

审视你的思维方式

Check Your Paradigms

- ☐ 列出能够形容你生活中一个重要方面的5个词汇。
- ☐ 这些词汇反映出你具有什么样的思维方式?
- ☐ 想要实现你的目标,你需要改变自己的思维方式,
  找到这些待改变之处。

我的思维方式有多正确？

思维方式是我们看待、理解并与世界交流的模式，是我们的精神地图。

如果我们只想让生活发生微小的变化，那么专注于自己的态度和行为即可，但是实质性的生活变化还是要靠思维的转换。

——史蒂芬·柯维

习惯一　积极主动

在刺激和回应之间暂停一下

Pause Between Stimulus and Response

- ☐ 想想未来的某一天，预期发生一件事，促使你按下反应按钮。
- ☐ 现在就决定你要做什么让自己变得积极主动。

问问你自己：

下一次面对高度紧张的情况时，我要怎么做才是积极回应？

当人们被动反应时，就会允许外界的影响控制自己的回应。

当人们积极主动时，他们会暂停一下，允许自己根据原则和预期结果选择回应方式。

刺激与回应之间存在一段距离，成长和幸福的关键就在于我们如何利用这段距离。

——史蒂芬·柯维

成为一个
转变之人

Become a Transition Person

☐ 梳理一下那些会对你产生不利影响的消极模式，比如一种坏习惯、消极态度等等。

☐ 那些事情是如何影响你的?

☐ 今天就做些什么打破这种模式。

问问你自己：

___

对我来说，谁是引发我转变的人？他们对我的生活有什么影响？

　　一个转变之人会打破不健康的、消极抱怨、低效能的行为习惯，把能够提升并激励对方的习惯传递出来。

　　不可否认，我们的基因、成长环境和苦难影响着我们，但是我不认为它们能决定我们。

——史蒂芬·柯维

拒绝消极语言

Banish Reactive Language

☐ 试试一整天都不使用任何消极语言，比如："我不能""我不得不"或"你简直让我发疯"。

我的语言是不是让自己变成了一个受害者?

消极语言很确切地表明你将自己看成是环境的受害者,而不是一个积极主动、独立自主的人。

推卸责任的消极语言往往会强化宿命论。说者一遍遍被自己洗脑,变得更加自怨自艾,怪罪他人和环境,甚至把星座也扯了进去。

——史蒂芬·柯维

运用积极
语言

Speak Proactively

☐ 请从今天有意识地使用如下句子：

"我选择去……"

"我要去……"

"我能……"

问问你自己：

当我使用积极语言的时候，我的感受有何不同？

　　我们的语言是一种非常真实的反应，暗示着我们到底在多大程度上把自己看成是积极主动的人。运用积极主动的语言，帮助我们更有能力把握自己，并且赋予我们行动的动能。

　　我们并不是周围环境的受害者，我们是主导者。

——史蒂芬·柯维

缩小关注圈

Shrink Your Circle of Concern

☐ 想想你此刻正在面对的问题或机遇。

☐ 列出关注圈里的每一件事，然后让它随风而去。

问问你自己：

我在自己不能控制的事情上浪费了多少时间和精力？

你的关注圈包括自己担心但是不能控制的事情。如果你的重心集中于此，花在你真正能够影响的事情上的时间和精力就会减少。

学会做照亮他人的蜡烛，而不是评判对错的法官；以身作则，而不是吹毛求疵；解决问题，而不是制造事端。

——史蒂芬·柯维

扩大影响圈

Expand Your Circle of
Influence

- ☐ 想出一个你正在面对的重大挑战。
- ☐ 列出你能控制的每件事。
- ☐ 决定你今天要采取的行动。

我的影响圈是在扩大还是缩小？

你的影响圈包括那些你能直接影响的事情。当你重点关注影响圈的时候，你就能增长知识和经验，最终的结果是，你的影响圈扩大了。

积极主动的人专注于影响圈，他们专心做自己力所能及的事，他们的能量是积极的，能够使影响圈不断扩大。

——史蒂芬·柯维

全天都
积极主动

Have Proactive Day

☐ 今天，当你感到自己变得消极，请召唤四种天
赋中的一种：自我意识、良知、想象力和独立
意志。尝试着今天一整天都使用这种天赋。

问问你自己：

今天生活中发生的什么事情可能会影响我的积极主动性？

积极主动的人是"自己生活中的创造力"，他们选择自己的方式，为结果负责。消极被动的人把自己当作受害者。

每个人都有四种天赋：自我意识、良知、想象力和独立意志。这四种天赋赋予人类终极的自由：选择的权力。

——史蒂芬·柯维

习惯二　以终为始

行动之前就决定结果

Define Outcomes Before You Act

□ 从今天的日程表里，挑出一件个人事项和一件
工作事项。带着以终为始的思维，重新描述每
件事。

问问你自己：

如果我一开始就用清晰的、以终为始的思路做事，结果会有多大不同？

所有的事情都会经过两次创造：头脑中的创造和实际的创造。行动之前，带着清晰的思路思考要达成的结果。

许多人拼命埋头苦干，到头来却发现追求成功的梯子搭错了墙，但是为时已晚。所以说，忙碌的人未必出成果。

——史蒂芬·柯维

庆祝你的八十岁生日

Celebrate Your 80th Birthday

☐ 想象自己的八十岁生日。写下你希望每个人对你说些什么，以及你对他们的生活产生了什么影响。

☐ 这一周，你能做一件什么事真正对别人产生影响？

我想要留下什么遗产？

要变得高效能，意味着要花时间确定你想留下的遗产，要根据最重要的人际关系和责任来确定。

每个人的内心都深切地渴望过上伟大且有所贡献的一生。真正重要的人，是真正具有影响力的人。

——史蒂芬·柯维

完善你的使命宣言

Refine Your Mission Statement

☐ 写下或修改你的个人使命宣言。

☐ 检查的项目包括：

是否根据原则完成。

明确对你真正重要的事情。

提供方向和目标。

代表你最好的一面。

问问你自己：

我的未来迫切要实现的愿景是什么？

　　你的使命宣言界定着你的最高价值和优先事项。这是你生命中的以终为始。这份使命宣言能够帮你塑造未来，而不是让其他人或环境塑造你的未来。

　　使命宣言为你是谁赋予永恒的意义。

——史蒂芬·柯维

重新思考
一段关系

Rethink a Relationship

☐ 花时间用以终为始的思维写下对一段重要关系的
思考。

☐ 今天就做一些事情让这种以终为始的想法更能有效
实现。

问问你自己：

这一周，我怎样维护那段对我至关重要的关系？

当我们关注工作效率的时候，往往会忽略对我们来说真正重要的人。而真正的效能来自于我们对他人产生的影响。

当我们了解了生命中最重要的事，生活将会不同。头脑中要时刻牢记：每天希望自己成为什么样的人，当务之急是什么。

——史蒂芬·柯维

分享你的使命宣言

Share Your Mission Statement

□ 今天跟你信任的人分享你的个人使命宣言，他/她可以是朋友或家人。请他们帮你修改使命宣言。

问问你自己：

我生命中哪些人受到我的使命宣言影响最大？

　　你的使命宣言不仅仅是针对你个人，你爱的人如果知道你的目标、价值观和愿景，也会受益颇多。

　　我们是发现而不是发明自己的人生使命。

——维克多·弗兰克尔

平衡你的
角色
Balance Your Roles

☐ 找到你生活中最重要的一个角色——伴侣、工作伙伴、父母、邻居等等，或者其他可能忽略的角色。

☐ 今天就做一些事情更好地履行这个职责。

问问你自己：

我是不是太过专注于一个角色而让其他角色陷于不利地位？

　　为了能够履行生命中的关键角色和使命，我们有时候会过于专注于一个重要角色（通常和工作相关），以至于失去了平衡。

　　当我们努力在生活中变得更高效的时候，会出现的主要问题之一就是失去平衡，人们可能会忽视生命中最重要的人际关系。

——史蒂芬·柯维

习惯三　要事第一

设定一个目标

Set a Goal

☐ 思考一下你一直在努力实现的目标，或挑选一个新的目标。定义结果。成功后会是什么样？

☐ 在日程表中规划出要成功推进目标所需要的活动。

问问你自己：

我要做一件什么事，并且经常做，能给我的生活带来不可估量的巨大和积极影响？

　　你的目标要反映你最深层的价值观、你独特的天赋和你的使命感。一个高效能的长远目标会给你每天的生活带来意义和小目标，并将长远意义和目标带进每天的生活中。

　　幸福在某种程度上是愿望和能力的结果。为了我们最终想要的，需要牺牲我们当下想要的来换取。

——史蒂芬·柯维

充分利用
你的时间

Use Your Time Well

☐ 每天一开始，使用时间四象限，预估一下在每个象
限要花多少小时。

☐ 每天结束的时候，记录一下在每个象限实际所花
时间。

☐ 你对自己每天花费的时间满意吗？还需要作出什么
改变？

问问你自己：

我在哪个象限花的时间最多？有什么结果？

时间象限是根据事情紧急程度和重要性安排活动。

	紧急	不紧急
重要	**第一象限** 必要事件： 危机 紧急会议 最终截止期限 紧要的问题 无法预见的事件	**第二象限** 高效能： 积极主动的工作 重要的目标 创造性思维 计划和干预 建立人际关系 学习和更新
不重要	**第三象限** 干扰事件： 不停地被打断 没有必要的报告 无关的会议 其他人的小问题 不重要的邮件、任务、 电话、状态更新等	**第四象限** 浪费时间： 不重要的工作 无效活动 过度放松 电视、游戏、网络 浪费时间的事情 八卦

关键不是要把待办事项按照优先程度完成，而是要按照你的优先级安排待办事项。

——史蒂芬·柯维

为第一象限作准备

Prepare for Quadrant 1

☐ 选一个最近的第一象限的紧急事件。

☐ 利用头脑风暴想一下，哪些方式可以避免或阻止它在未来发生。

问问你自己：

如果作了充分准备，可以规避我遇到的多少危机？

第一象限的事件紧急又重要。涉及的事件需要及时注意。我们的生活中都有一些第一象限的事件，但是有些人总是被这些事消耗时间和精力。

多数人花了太多时间在紧急事件上，因此没有足够的时间处理重要事件。

——史蒂芬·柯维

生活在
第二象限

Live in Quadrant 2

☐ 选择一件对你的生活产生重大影响的第二象限事件。

☐ 这一周安排时间完成它。

问问你自己：

哪一件第二象限的事情最需要实现？

一旦我们成为高效能人士，我们花在第二象限的时间是最多的：

- 积极主动的工作
- 重要的目标
- 创造性思维
- 计划和准备
- 打造人际关系
- 更新和不断创造

重要的事情是让重要之事成为重要之事。

——史蒂芬·柯维

规划你的一周

Plan Your Week

☐ 找一个安静的地方，花20~30分钟做计划。

☐ 跟自己的任务、角色和目标相联系。

☐ 为每个角色选择一到两件重要事情，为应对它们安排时间。

☐ 安排你剩下的任务、约会以及围绕重要事情的活动。

问问你自己：

这一周，我在每个角色上能做到的一到两件最重要的事情是什么？

　　高效能人士每周都会做计划，在一周开始之前独自花时间完成这件事。你的目标、角色、第二象限的活动就是你的"重要事情"，一开始就安排好这些事情，那些不太重要的"碎石头"自然会围绕这些事情展开。

　　如果你问我想要平衡生活、提高效率，最有用的一件事是什么？那就是：规划你的一周——在一周开始之前就规划好。

——史蒂芬·柯维

面临选择时，保持真我

Stay True in the Moment of Choice

☐ 回想一个情景，当你面临选择时，很难保持真我。

☐ 找到一个你能用得上的方法，在那一刻实现你的第二象限首要事项。

问问你自己：

什么事情总是让我放弃最重要的事？当我向压力屈服，忽略真正重要的事情时，我有什么感受？

当我们在第二象限重要事件和当下压力二者之间去做选择时，就会显现出我们的性格。当我们按照使命、角色和目标来做选择，我们就是高效能人士。

度过这一周时，那些紧急但是不重要的事情极有可能会压制到你规划好的第二象限重要活动。运用独立意志，保持你对真正重要之事的忠诚。

——史蒂芬·柯维

排除不重要的事项

Eliminate the Unimportant

☐ 列出一份浪费时间和分散注意力的事件清单。

☐ 圈出影响最大的"罪魁祸首"。

☐ 今天就做重要的事，将不重要的事排除在外或者减少所占用的时间。

问问你自己：

我在第三象限和第四象限花了多少时间？停留在这些事情上，我要付出多少代价？

　　第三象限和第四象限的事情是时间强盗：这些活动会偷走你的时间，并且不予回报。

　　你必须决定对你来说最重要的首要任务，并且愉快地、毫无懊悔地对其他事情勇敢说"不"。要做到这些，你内心要有一个大大的"是"在燃烧。

——史蒂芬·柯维

保守承诺

Keep Your Commitments

☐ 想出一个你没有取得进展的重要目标。

☐ 想出你要推进这个目标最有可能采取的行动。

☐ 无论发生什么，忠于承诺。下一周，制定一个宏大点的目标。

问问你自己：

我是否确信自己可以实现一个自我承诺？

　　大多数目标都非常具有挑战性——除非我们已经完成了它们！如果我们真的想实现一个目标，但却总是拖延着不去行动，就会感到非常沮丧。

　　对自己许下一个小小的承诺，坚持实现；然后再作出一个稍大点的承诺，之后是一个更大的。最终，你的成就感会摆脱你的情绪掣肘。

——史蒂芬·柯维

从个人领域的成功到
公众领域的成功

建立情感账户

Build Your Emotional Bank Accounts

☐ 找到一段可能已经陷入绝境的重要关系。

☐ 列出三项你能存入情感账户的投入。

☐ 列出三项需要避免的支取。

问问你自己：

我是否知道，对于我生命中最重要的人，支取和投入情感账户的内容是什么？

情感账户代表着一段关系之中信任的程度。存入情感账户的投入可以建立和修复信任。支取则会削弱信任。

在人际关系中，小事即大事。

——史蒂芬·柯维

道 歉
Apologize

☐ 向被你冤枉的人道歉。

☐ 想想你能做什么弥补这种伤害。

问问你自己：

谁需要我的道歉？

当你犯了错误或者伤害了别人，说一声"对不起"能够很快修复一个过度支取的情感账户。这需要勇气。

想重建破损的关系，我们必须首先要研究自己的内心，找到我们真正的责任和自己的错误。

——史蒂芬·柯维

原 谅

Forgive

☐ 如果你受到了伤害，并且这件事对你造成了困扰，请明白对方跟你一样有弱点。

☐ 原谅那个人。

我在做事时，是不是一直背负着在意别人的言语、态度或行为这个沉重的负担？

我们都经历过某个时刻，因为别人无心的言语或行为受到伤害。

任何时候我们觉得问题是"因为外界"，这个想法本身就是问题。

——史蒂芬·柯维

习惯四 双赢思维

双赢思维

Consider Other People's Wins as Well as Your Own

☐ 挑选一段因为双赢思维而受益的人际关系。

☐ 写下你自己的成功和对方的成功。如果不知道对方
所认为的成功是什么，那就去问他们！

问问你自己：

什么样的关系中，你会比较不可能使用双赢思维？如果同时考虑对方的成功，会有什么益处？

当我们成为高效能人士，我们就会像衡量自己的成功一样去衡量对方的。我们会花时间同时找到我们的成功和他们的成功。

双赢不是一种技巧，是一种人类交往的至高哲学，是一种在所有交往中都寻找共同利益的思维方式和心态。双赢者把生活看作合作的舞台，而不是竞技场。

——史蒂芬·柯维

避免匮乏心态

Avoid the Scarcity Mentality

☐ 列出你生命中出现匮乏心态的领域（比如没有得到足够多的爱、金钱、关注和资源的领域）。

☐ 思考这种匮乏心态从何而来。

问问你自己：

匮乏思维在哪方面严重阻碍我实现最好的结果？

匮乏思维会让你比较、竞争、感受到他人的威胁，而不是为了最大程度的成功而合作。

大多数人都被匮乏思维严重限制。他们认为生活就只有那么多，好像外面就只有一个比萨。如果有人拿了一大块比萨，就意味着其他人拿的少了。

——史蒂芬·柯维

培养富足心态

Cultivate an Abundance Mentality

☐ 描述一下，你如何改变才能拥有富足心态。

☐ 关注你自己与别人的强项，停止比较，分享资源。

问问你自己：
___

我真的相信有充足供应能满足每个人的需要吗？

当我们拥有富足心态，我们就不会因别人的成功而有威胁感，因为我们很确信，我们有自身的价值。

富足心态源自厚实的个人价值观和安全感。这种思维方式就是外界有充足供应，每个人都能得到。

——史蒂芬·柯维

平衡勇敢和体谅

Balance Courage and Consideration

☐ 挑选一个你希望拥有更多勇气的领域。写下你的观点。带着自信分享你的想法和观点。

☐ 挑选一个你需要更多关心的领域。专注于认可他人，而不总是打断别人，确保每个人的话语都被充分倾听。

问问你自己：

你有没有在哪些关系中缺乏勇气或欠缺关心？你付出了什么代价？

成为高效能人士，意味着要变得勇敢。我们都愿意并且能够带着尊重说出自己的想法，这意味着体贴对方。我们愿意并且能够发觉别人的想法，倾听别人的想法，尊重对方的感受。

如果人们能勇敢地表达自己的情感和信念，同时又能体谅别人的想法和感受，这就是成熟的人，特别是眼前的事情对双方都很重要的时候。

——史蒂芬·柯维

达成双赢协议

Make a Win-Win Agreement

☐ 选择一段能从双赢协议中获益的关系。把你认为对方可以得到的益处写下来，或者询问他们，再写下自己可能获得的益处。

☐ 制定双赢协议。

问问你自己：

当我跟别人谈判时，我的意图是什么？我致力于实现双赢吗？

在双赢协议中，人们努力地让双方都获益。双赢协议可以是正式或非正式的，可以在任何关系或环境中制定。

真正的双赢协议是双赢模式、双赢品德和双赢关系的产物。我们需要带着真诚的愿望从双赢的角度投入人际关系中，实现双赢。

——史蒂芬·柯维

给予赞扬

Give Credit

☐ 找到一个值得赞扬的人。他或她要么是做过一些事，要么是帮助过你。私下里或者公开地表扬那个人。

最近谁帮我完成过什么事情？我怎么感谢他们？

对很多人而言，公开或私下认可是很大的成功。当我们慷慨地赞美别人，就能够建立信任并加强彼此的关系。

如果你不在乎荣誉归谁，你能做成的事，将会非常惊人。

——哈里·S.杜鲁门

习惯五　知彼解己

练习同理心倾听

Practice Empathic Listening

- ☐ 今天练习为了理解而倾听。
- ☐ 试着回顾别人的感受，以及他们信息中传达的真实内容。当你打断别人、提建议或评判别人的时候，首先检查自己。

我周围的人真的觉得我理解他们吗？

无论我们是不是同意，带着同理心倾听意味着接近对别人来说真正重要的事情的中心。当我们带着同理心倾听，我们倾听的目的是理解对方。我们用镜射别人的情感和语言来回应。

除了物质，人类最大的生存需求源自心理，即被人理解、肯定、认可和欣赏。

——史蒂芬·柯维

敞开心扉

Open Your Heart

☐ 想想你有没有对别人没有耐心地倾听，只是简单地询问："最近怎么样？"敞开心扉，练习带着同理心倾听。你会惊讶于自己学到了很多。

问问你自己:

我真的在认真倾听我爱的人吗?

　　当情绪激动的时候,专注于你听到的内容,不要担心是否正确地回应。

　　当你真的站在对方角度倾听,运用理解回应对方,这就如同是给对方输送了"心理空气"。

——史蒂芬·柯维

避免自传式倾听

Avoid Autobiographical Listening

☐ 回想一段时间以来，别人带着理解和尊重倾听你，你当时的感觉怎样？

问问你自己：

我是不是为了回应，而不是为了理解对方而倾听？

　　自传式倾听，就是用自己的故事过滤对方的话，而不是关注说话者，你只是等着把自己的观点穿插进去。

　　学着倾听,否则你的舌头会让你变成一个聋子。

——史蒂芬·柯维

寻求理解

Seek to be Understood

☐ 想想一个即将到来的汇报，或者你需要给出劝导的见解。

☐ 确定你首先理解对方的观点。

☐ 练习带着勇气对他人观点加以理解和感知，再表达自己的想法。

问问你自己：

我说话的方式有没有表明我理解对方？我分享的观点意思足够清晰吗？

　　高效沟通的第二部分就是寻求理解。一旦我们有自信充分理解对方，就能施以尊重并且清晰地表达自己的观点。

　　当你清晰、具体地表达想法，最为重要的是，在理解别人思路和担忧的前提下表达，可信度会大大增加。

　　　　　　　　　　　　　　　——史蒂芬·柯维

互联网+时代，学会同理心倾听

Bring Empathic Communication to the Digital World

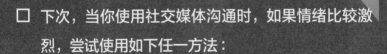

☐ 下次，当你使用社交媒体沟通时，如果情绪比较激烈，尝试使用如下任一方法：

- 回应之前先让对方说完自己的想法。

- 表达自己的观点之前，先反思对方的感受和语言。

- 清楚地表达自己的目的，要具体。

问问你自己：

我在社交媒体、电话和邮件沟通中，如何带着同理心倾听？

互联网+时代的高效能沟通，同样需要运用当面沟通的内容和技巧。困难常常在于理解信息以及跨媒介转达信息。

同理心是人类最快实现有效沟通的关键。

——史蒂芬·柯维

习惯六　统合综效

从差异中学习

Learn from Differences

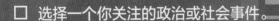

☐ 选择一个你关注的政治或社会事件。

☐ 把自己的观点放到一边。

☐ 寻找一些人，找到他们的观点。带着理解倾听。

☐ 至少写下你运用这个练习得到的三个新观点。

问问你自己：

我可以从持不同意见的人那里学到什么？

　　我们能从别人的经验、观点和智慧中获得巨大的成长机会。差异，有时候会是一种学习的资源，而不总会带来争执。

　　缺乏安全感的人认为所有的人和事都应该依照他们的模式。他们不知道人际关系最可贵的地方就是能接触到不同的模式。千篇一律毫无创造性可言，而且沉闷乏味。

——史蒂芬·柯维

统合综效地解决问题

Solve a Problem with Synergy

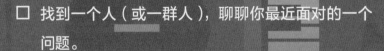

☐ 找到一个人（或一群人），聊聊你最近面对的一个问题。

☐ 问一问："你能帮忙想想我目前还没找到的办法吗？"

☐ 花几分钟头脑风暴一下。你能用到哪些想法？

问问你自己：

如果我独自面对，还有哪些问题看上去无法逾越？

　　你不必独自找到所有的答案。解决一个问题的时候，统合综效会让那些意想不到的方法浮出水面。

　　单打独斗的话，我们能做的太少；齐心合力，我们却能做到很多。

——海伦·凯勒

寻找第三种选择

Seek 3rd Alternatives

☐ 观察一次会议筹备的过程，看看统合综效是否会出现。

☐ 想出一个可从统合综效中受益的问题。利用它寻找第三种选择。

问问你自己：

我有没有可能妥协？我是否经历过统合综效？这有何不同？

统合综效基于是否愿意寻找第三种选择。它不仅仅是"我的方式"或者"你的方式"，而是更高级、更好的方式。是我们任何一个人单靠自己做不到的办法。

统合综效是什么？简单来说，就是整体大于部分之和。统合综效意味着1+1等于10或100，甚至1000。

——史蒂芬·柯维

尊重差异

Value Differences

☐ 找到一个与你意见相左的人，列出他的强项。

☐ 当有人不同意你的观点时，说："好极了！你能看到
事情的不同之处。我需要听听你的想法。"

问问你自己：

我知道跟我共事和共同生活的人有哪些独特的强项吗？我在哪些关系中是在忍受这些不同而不是尊重这些不同？

重视差异是统合综效的基础。当我们是高效能人士，我们重视并且接受不同，而不是拒绝或仅仅是忍受不同。我们要将对方的不同之处看作是强项，而不是弱势。

统合综效的精髓就是重视和尊重差异，取长补短。

——史蒂芬·柯维

就接受差异的开放度评分

Rate Your Openness to Differences

☐ 列出在你的人际关系中存在的不同之处：年龄、价值观、思维方式、个人风格等等。

☐ 写下你为了更好地尊重这些不同之处能做到的事情。

问问你自己：

我对从差异中学习足够开放吗？

思维方式要求我们足够公平、开放，但并不是所有人都做得到。高效能人士需要谦虚地意识到我们认知上的不足之处。

重视不同之处的关键是意识到所有看待世界的方式，不是这个世界本来的模样，而是人们眼中的世界。

——史蒂芬·柯维

破解障碍

Take Down Barriers

☐ 想出一个你正在努力实现的目标。

☐ 找到你正在面对的阻碍。

☐ 找到一个人，帮你头脑风暴出一些方法克服那些阻碍。

问问你自己：

如果我独自面对，哪些困难目前看上去不可攻克？

当你愿意用统合综效解决问题时，你就会想尝试新的方法去解决问题。

当你开始使用统合综效，就是在削减阻力，促成阻力向动力的转化，创造新的见解。

——史蒂芬·柯维

用好他人的优势

Leverage the Strengths of Others

☐ 列出你最亲近的朋友、家人和同事的名字。

☐ 在每个人的名字旁边写下他们的强项。

☐ 你能让这些优势跟你正在面对的一个挑战相匹配吗?

我做些什么能充分利用身边人的优势？

我们身边处处存在着他人的优势，却总是不懂得如何加以利用。

一旦我们完全依赖自己的经验，往往会遇到信息匮乏的问题。

——史蒂芬·柯维

习惯七　不断更新

实现 "每日个人领域的成功"

Achieve the Daily Private Victory

☐ 写下你的每日更新计划，还有哪些方面可以提高？

☐ 在下一周计划中，留出自我更新的时间。

问问你自己：

我每天是不是花时间更新我的身体、智力、社会/情感和精神？

"每日个人领域的成功"，就是每天至少用一个小时实现身体、情感、精神和智力层面的更新，这是培养"七个习惯"的关键。

用一个小时每天开始个人领域的成功，这是其他方式都无法相提并论的。这种方式会影响每个决定、每段关系，会大幅提高品质、效能，并改善一天剩余的其他每个小时。

——史蒂芬·柯维

保证你的身体健康

Strengthen Your Body

☐ 本周选择一种加强体能的方式，做到：

- 设定起床闹铃。
- 找到一个积极主动的方法，挑战自我。在训练中增加新的目标：耐力、灵活度、力量。

问问你自己：

我加强力量和耐力的方法是什么？

身体层面的自我更新，指有效呵护我们的身体——健康饮食、充足休息和定期锻炼。

很多人觉得自己没有时间锻炼身体，这种想法真是大错特错！我们并非没有时间锻炼身体，想想看，每周只需要用3~6个小时，或每天最少花30分钟锻炼。这一习惯对一周当中余下的162~165个小时会有巨大益处，这点时间真的算不上什么。

——史蒂芬·柯维

增强你的精神活力

Renew Your Spirit

☐ 本周选择一种方式更新你的精神状态：

- 修改你的个人使命宣言。

- 花时间享受自然。

- 欣赏或者创作音乐。

- 在社区做志愿者。

我是以自己的价值观为中心吗？

精神层面是生活中非常私人而又至关重要的领域。它能够调动人体内具有激励和鼓舞作用的资源。

精神层面是人的本质、核心和对价值体系的坚持。

——史蒂芬·柯维

拓展你的智力边界

Sharpen Your Mind

☐ 本周选择一种方式磨砺你的心智：

- 写日记。

- 阅读一部经典名作。

- 发展一个兴趣爱好。

问问你自己：

我是不是可以以焕然一新的思维方式开始这一周?

我们一旦离开学校，许多人的头脑就会退化。但是学习对于智力层面的更新至关重要。

养成定期阅读优秀文学作品的习惯是拓展思维的最佳方式。人们可以借此接触到当前或历史上最伟大的思想。

——史蒂芬·柯维

健全你的
社会/情感方式

Develop Your Heart

☐ 本周选择一种方法练习你的社会/情感方式：

- 邀请一位朋友来吃晚饭。

- 原谅某个人。

- 给一位最近一直没有联系的朋友发信息或邮件。

本周我能跟谁联系？

我们的情感生活非常重要，它首先源自并体现于与他人的关系，但并不限于此。

触及对方的灵魂是一件很神圣的事情。

——史蒂芬·柯维

给自己留出一点时间

Take Time for Yourself

☐ 今天允许自己花30分钟，去做一件释放压力的事情。

问问你自己：

紧急事件是不是占用了我的自我更新时间？

自我更新属于第二象限活动。我们一定要采取积极主动的态度完成这件事。

对自己投资，对我们用来处世和作贡献的唯一工具进行投资，是我们在一生中作出的最有效的投资。

——史蒂芬·柯维

控制新技术对你的影响

Tame Your Technology

☐ 今天去做一件事，减少科技手段的干扰：

- 关掉提醒设置。

- 只查看社交媒体一次。

- 给自己设定规则，绝对不让电子设备干扰你的谈话。

- 专注于解决重大问题时，关掉电子设备。

问问你自己：

我在使用新科技手段时，是不是以牺牲最重要的目标和最重要的人际关系为代价？

电子设备是我们紧急事件的来源，我们觉得随时联系、及时回复信息是高效率，但是大多数时候，我们只是被干扰。

我们都在努力管理时间，通过现代技术手段创造奇迹，做得更多，实现得更多，大幅度提高了效率，可为什么我们总觉得自己陷入"一堆麻烦"中呢？

——史蒂芬·柯维

打造你的优势

使命宣言建立者

"当我们了解生命中最重要的事情时，生活将会不同。头脑中要时刻牢记：每天希望自己成为什么样的人，当务之急是什么。"

——史蒂芬·柯维

当我在讨论这本书应该添加哪些额外部分时，我问自己："什么将对我的读者和他们的未来产生最大的影响？"然后我想起我的同事安妮，曾经分享过这个故事：

"我在一所社区大学教了几年的七个习惯。帮助这些年轻人，以及不那么年轻的非传统学生，让他们认识到习惯、目标和原则的力量，是一次令人难以置信的经历。作为他们的老师和朋友，我很好奇课程的内容和习惯对学生有什么影响。我想知道他们在哪里能感受到最紧密的联系，在何处能从这门课中得到最大的回报。所以，我在期末考试中随机增加了一道送分题。我想给学生们一个诚实分享的机会——而且每个测试都应该包括一个这样的问题，不是吗？在考试中想要答错所有题也不是容易的，除非他们不参加考试。

期末测试最后的问题是"你最喜欢的习惯是什么，以及为什么？"我很惊讶地发现，绝大多数学生都选择了习惯二：以终为始。理由各不相同，但有一个中心话题：这是大多数学生第一次为其未来规划课程。有些学生（不是所有人）已经为大学规划好了课程，他们想学习什么，并会将其作为一种职业，但许多人上大学只是因为大家期待他们这样做。大约有99%的学生没有生活愿景，没有驱动目标，没有生活贡献，也没有人生使命。

每个学期课程结束，我非常吃惊于学生总是说出同样的话，"我现在的生活终于有了目标和意义。"

我想我震惊的原因就在于我在非常年轻的时候就选择了自己的生活目标。我不明白是为什么，也不知道是什么驱动着我专注于自己的目标，但是我就是这样做了，而且我觉得其他人也是这样做的。"

这种经历很可能很常见。有一些人不是很清楚自己要做出什么贡献，或者他们的驱动目标是什么。出于这个原因，我觉得提供一种方法很重要。即使你像安妮一样，在很早的时候就确定了自己的人生目标，这也可以成为一种锻炼，激励你坚持下去。谁知道呢？你的目标甚至可能会改变。

请阅读以下的想法和建议，当你读的时候，问问自己这些问题：

- [ ] 我是否定义过生活中的目标？
- [ ] 我是不是清楚哪些是只有我能做而其他人不能或不做的事情？
- [ ] 我希望自己变成什么样的人或者变成谁？
- [ ] 我生活的原则和价值观是什么？
- [ ] 我能留下来的遗产是什么？

　　运用自己在这本书里学到的每一个知识来打造你的使命宣言，成为你能成为的高效能人士。你的效能可以改变世界。

——编辑

　　"撰写或者反思使命宣言可以改变你，因为这句宣言促使你深入地、仔细地思考自己的首要任务，并使得你的行为与信念相一致。当你这样做的时候，他人就开始感受到你并没有受控于身边所发生的每件事情。"

——史蒂芬·柯维

让你的遗产变得具体

在我们开始使命宣言撰写调查问卷之前，请找一个地方阅读下面这几页内容，请找一个僻静的角落，抛开一切杂念，敞开心扉，跟着我走过这段心灵之旅。

现在想象一下，假设你要参加一位至亲的葬礼。你从朋友和家人的神情中，感受到了他们内心折射出来的悲伤。

当你走到房间前面，看到棺木里面，跟你面对面的人是你自己。这是你的葬礼。所有人都来吊唁。你等着仪式开始，你要观看整个流程，然后看到会有四位发言的人。

第一位发言的是你的家人，第二位发言的是你的朋友，第三位是你的同事，第四位是你的社团伙伴。

现在深入思考，你想让每一位发言的人追述你哪些方面的内容？

"如果你认真思考想要在葬礼上被他人如何评价，你就会发现成功的定义。"

如果你亲自参与这种心灵演练，就会有一刻接触到自己最深入、最基本的价值观。你就跟内心的向导系统建立了直接联系。

"以终为始意味着从一开始你就清楚地知道了你的目的地。它意味着你知道该去往何方，因而会更清晰地走好每一步，因此你总是在正确的方向上前进。我有一次写下了关注这个习惯的如下内容：

"习惯二，以终为始，意味着你要清楚地知道你要去往什么目的地，形成怎样的价值观，以及设定什么样的目标。如果说习惯一你是生命中的驱动者，习惯二便是决定你想去哪里，以及在头脑中绘制到达目的地的路线。"

当我们真的知道对我们来说什么是最重要的事情时，我们的生活会产生很多不同。头脑中要时刻牢记：每天希望自己成为什么样的人，当务之急是什么。

生命中，我们扮演着很多不同的角色，在不同的领域或者能力范围内有着不同的职责。比如我作为一个个体同时扮演着多重角色，如丈夫、父亲、教师、商人。每个角色都很重要。

当试图在生活中变得更加高效时，人们会遇到的主要问题之一是思考的范围不够广。他们失去了高效能生活的比例感、平衡感和自然生态。他们可能被工作消耗，忽略了个人健康。为了职业上的成功，他们可能忽视了生命中最宝贵的人际关系。

如果你把使命宣言按照生活的领域拆分成具体的角色，

或者每个角色想要实现的目标，可能就会发现你的使命宣言更具平衡性。

按照角色完成你的使命宣言会给予你平衡与和谐。每个角色在你面前都很清晰。你可能会经常回顾这些角色，确保不会专注于某个角色而忽略了生命中其他同样重要甚至更重要的角色。

当你确定了自己的多重角色后，你就可以思考每个角色需要建立的长期目标。我们都用右脑进行想象、创造、寻求良知和灵感。如果这些目标都是基于正确原则的使命宣言而来，它们就会在本质上区别于人们通常设定的目标。这些目标会跟正确的原则保持一致，你会有更大的能量去完成这些目标。这些不再是别人的目标，而是你自己的。它们反映了你最根本的价值观、独特的才能和使命感。

"我认为我们每个人都有内在的管理系统或者感觉和良知，能让我们意识到自己独特的才能，还有我们独特的贡献。"

一个高效的目标首先关注的是结果而不是行动。它确定了你想要达到的目的地，并在过程中帮助你确定你所处的位置。

角色和目标为你的个人使命提供了框架和方向。如果你还没有个人使命宣言，这是一个很好的开始。简单地确定你生活中不同的领域，以及你觉得自己在每个领域里应该实现的两到三个重要的结果，然后开始向前推进，这会让你对自己的生活有一个全面的感知和方向感。

史蒂芬·柯维

使命宣言调查问卷

□ **第一步：表现**

（1）我表现最好的时候：

（2）我表现最糟的时候：

□ **第二步：热情**

（1）我工作的时候热爱做什么？

（2）我个人生活中热爱做什么？

□ **第三步：天赋**

（1）我的天赋和特长是：（答案可以是艺术、音乐、决策、交朋友等。）

□ **第四步：想象**

如果我有无限的时间和资源，并且知道我不会失败，我会选择做什么？

（1）我会……

□ 第五步：愿景

想象一下你的生活是一部旅行的史诗，你就是故事的主角。你想象中的旅程是关于什么的？完成下列宣言，包括描述你在做什么，你为谁而做，为什么要做，其结果是什么。

（1）我生活的旅程是……

□ 第六步：角色

（1）想象一下你的80岁生日。谁会陪伴着你？你希望他们对于你的生活做出什么评价？

□ 第七步：贡献

（1）对于生命中最重要的人，我将来能做出的最重要的贡献是什么？

□ 第八步：良知

（1）有没有我感到真的应该去做或者去改变的事情，哪怕忽略过很多次这样的想法。这些事情是什么？

□ 第九步：影响

想象一下你在晚餐时可以邀请三个对你影响最深的

人——过去或者现在都行。在下方写下他们的名字。然后记录一下这些人中你最欣赏的某一个特质。

（1）姓名：

特质：

（2）姓名：

特质：

（3）姓名：

特质：

□ **第十步：平衡**

让我们把平衡看作一种满足的状态，也是四个层面的更新：身体、精神、智力和社会/情感。在这四个领域中，做什么事情才会对你的生活产生最积极的影响，以及实现平衡感呢？

（1）身体：

（2）精神：

（3）智力：

（4）社会/情感：

经过数年，你的境遇会改变，你的首要任务会改变。你的目标和梦想也会改变。没关系。因为改变意味着成长。你在成长、蜕变、扩展眼界，允许自己有自由去扩展，并且重新规划使命宣言。

生活是一段旅程，你的使命宣言就是引导你的地图。

能激发使命和目标的想法

"你的使命宣言会成为你的一部分，坚定地代表着你的愿景和价值观。它会成为你衡量生命中每件事的标准。"

——史蒂芬·柯维

"献给不知道想要去哪，也没有顺风车的人。"

——塞涅卡

"我生活的使命不仅仅是要生存，还要成功；这样做需要一些热情，同情心，一些幽默感和一定的行事风格。"

——玛雅·安格拉

"如果你积极主动，你还需要等待时机或者其他人创造视角，扩展经验。你能够明确地创造自己的视角。"

——史蒂芬·柯维

"关注于使命。"

——纳文·金

"这里有一份测试，测试你的使命究竟有没有完成：如果你还活着，使命就不会完成。"

———理查德·巴赫

"使命宣言不是一蹴而就的。需要深深的内省，仔细的分析，深思熟虑的表达，最终成稿之前需要经过多次修改。可能最终感到适应之前需要几周甚至几个月的时间，然后你才能感觉到其完整且精确地代表了你内心的价值观和心之所向。"

———史蒂芬·柯维

"请你告诉我从这里应该怎么走？""取决于你想要去哪，"猫说。"我并不在意要去哪——"爱丽丝说。"你走哪里都没关系。"猫说。

———刘易斯·卡罗尔，《爱丽丝梦游仙境》

"我总是受到女性的鼓舞，我的使命也是激励女性。我一直想成为某种成功意义上的女性，现在我通过时尚成为了这样的人。这是一种对话。我看到精致的裙子让女性自信起来，让她们行动中也透露着自信。"

———黛安·冯芙丝汀宝

"当我们了解生命中最重要的事情时，生活将会不同。头脑中要时刻牢记：每天希望自己成为什么样的人，当务之急是什么。"

——史蒂芬·柯维

"个人使命宣言就像是一棵根系发达的树。这棵树的根基牢固，不会轻易移动，它充满生机，生生不息。"

——肖恩·柯维

"个人领导力不是一次单独的体验。不会因为书写个人使命宣言就开始或停止。相反，这个过程就是要你持续保持愿景和价值观，要让生活跟最重要的事情保持和谐一致。"

——史蒂芬·柯维

学会自我肯定

这里有一些自我肯定的示例，可以帮助你关注自己的任务，提醒你习惯的力量。当你每次都在一个习惯上努力，就从这些肯定言论中抽取一条，每天不断重复。确保聚焦这一方面，然后观察你自己的改变。

☐ **习惯一：积极主动**

我征服挑战的能力是无限的；我成功的潜能是无限的。

我每天早上醒来，都对生活充满了积极和热情。

我要对自己的心情负责。

我要注意我的语言。避免被动的语言。

我会直面自己的失败。唯一的失败就是放弃。我从失败中学习。

我视阻力为障碍，而非妨碍。

我直面恐惧，并从中学习。

面对情绪化或者艰难的情景，我会暂停并冷静思考。

□ 习惯二：以终为始

我愿意探索不设限的新领域。

我是我生活的建筑师；我自己建立地基并且选择其中的材料。

我根据自己的任务生活。我遵循自己的内心。我仅仅是我自己，而不是其他人想让我成为的人。

我会将自己的时间、天赋、能力和生活投入到那些能够实现我最终目标的事项中。

我是我船只的船长；我自己规划航线，选择自己的货物。

每当我面临重要的人生抉择时，我就会回顾自己的使命宣言。

我经常问自己："我现在的生活是在正确的方向上吗？"

□ 习惯三：要事第一

我的头脑充满能量，思维清晰，关注目标实现的过程。

我每天的目标就是确保我能实现长期目标。

今天，我真的非常关注自己的工作。我会仔细观察，整天都保持专注力。

今天我会花时间强化人际关系。

我会把梦想变为目标。把目标变为步骤。我会一步一步采取行动。每天完成一个行动。

我会在当下为未来的危机做准备。

我会尽全力完成在生活中想要实现的事情。

我花时间关注最重要的事情。

□ 习惯四：双赢思维

面对困境，我要平衡勇气和思考。我在这些困难时期要找到解决办法。

为了实现双赢，我会关注事情本身，而不是双方的性格或者职位。

我对于别人的成功会真的感到开心。

我头脑里丰富的思维会从内心的个人价值和安全感中流露出来。

我选择了一种双赢的心态和思维，在所有的人际交往中不断寻求互惠互利。

我自信地把双赢思维作为人际领导的准则。

当其他人深陷于输赢思维之中，我会寻找平衡，努力思考能带来共同利益的解决方式。

□ 习惯五：知彼解己

我会不带偏见地仔细倾听，以便于完全理解对方。

我会在分享自己的想法之前站在别人的角度上看待问题。

人类内心最深的需求是希望被理解。

我用我的心、眼睛和我的耳朵倾听。

我通过同理心倾听展现出自己的关心和投入。

当我反馈的时候，我会注意时间和语言的选择。

我对他人和我自己会展现出耐心和理解。

□ 习惯六：统合综效

我是一个善于解决问题的人。我会跟别人共同解决问题，找到最好的解决方式。

我欢迎多样性，尊重人和想法的不同之处。

在我的人际关系之中，我努力寻找统合综效的理想环境，富足的情感账户，双赢思维，知彼解己。

我会致力于跟他人合作，一起创造更好的解决方法。

我会开放思维，迎接团队合作和交流的各种可能性。

向每个人给予帮助，会带来足够的益处、认可和成功。

□ 习惯七：不断更新

我健全、健康，充满自信。我的外在和内在相互匹配。

我的心里有力量，我的思维清晰。

我在生活的四个基本面中寻求平衡：身体、精神、智力、社会/情感。

我对于激发我整个人的事情感到非常平静和放松。

生活是一个通过不断学习、投入和行动而不断螺旋式上升的过程。

我的身体是一个神奇的机器。我用心照料它，不会责怪它。

我会寻找方法去成就别人而不是毁掉别人。

我会在本性中寻找和平与平静。

我使用我的想象力天赋，清晰地实现自己的目标。

7 个习惯精华

□ **习惯一：积极主动。**

对自己的生活负责。你不是基因、境遇或成长环境的受害者。根据你的影响圈生活。

□ **习惯二：以终为始。**

确定你的价值观、任务和生活目标。根据生活愿景生活。

□ **习惯三：要事第一。**

根据最重要的事情确定优先活动。花时间完成象限二：重要但不紧急的事情。

□ **习惯四：双赢思维。**

抱有一种接受他人可以赢的心态；为他人的成功感到开心。

□ **习惯五：知彼解己。**

带着同理心倾听，然后希望被理解。

☐ **习惯六：统合综效。**

重视并赞美不同之处，这样你就能获得更多。

☐ **习惯七：不断更新。**

在四个生活基本面不断充电：身体、精神、智力、社会/情感。

史蒂芬·柯维

史蒂芬·柯维博士于2012年去世，留下了关于领导力、时间管理、效能、成功、爱与家庭教诲等方面的无限资源。作为一个心理自助和商业经典作品的百万畅销书作家，柯维博士努力帮助读者认识到实现个人及其职业高效能的原则。他的代表作《高效能人士的七个习惯》改变了人们的思维模式，用一种有力、逻辑清晰和完整界定的定义解决了人们遇到的问题。

作为享誉国际的领导力权威、家庭专家、教师、组织咨询师和作者，柯维博士的建议为数百万人提供了帮助。他的书已销售超过4000万册，翻译成了50多种语言，《高效能人士的七个习惯》是20世纪最有影响力的商业书籍。柯维博士在哈佛大学取得了MBA学位和杨百翰大学博士学位。其妻子及家人住在犹他州。

三十多年前，当史蒂芬·R.柯维（Stephen R. Covey）和希鲁姆·W.史密斯（Hyrum W. Smith）在各自领域开展研究以帮助个人和组织提升绩效时，他们都注意到一个核心问题——人的因素。专研领导力发展的柯维博士发现，志向远大的个人往往违背其渴望成功所依托的根本性原则，却期望改变环境、结果或合作伙伴，而非改变自我。专研生产力的希鲁姆先生发现，制订重要目标时，人们对实现目标所需的原则、专业知识、流程和工具所知甚少。

柯维博士和希鲁姆先生都意识到，解决问题的根源在于帮助人们改变行为模式。经过多年的测试、研究和经验积累，他们同时发现，持续性的行为变革不仅仅需要培训内容，还需要个人和组织采取全新的思维方式，掌握和实践更好的全新行为模式，直至习惯养成为止。柯维博士在其经典著作《高效能人士的七个习惯》中公布了其研究结果，该书现已成为世界上最具影响力的图书之一。在富兰克林规划系统（Franklin Planning System）的基础上，希鲁姆先生创建了一种基于结果的规划方法，该方法风靡全球，并从根本上改变了个人和组织增加生产力的方式。他们还分别创建了「柯维领导力中心」和「Franklin Quest公司」，旨在扩大其全球影响力。1997年，上述两个组织合并，由此诞生了如今的富兰克林柯维公司（FranklinCovey, NYSE: FC）。

如今，富兰克林柯维公司已成为全球值得信赖的领导力公司，帮助组织提升绩效的前沿领导者。富兰克林柯维与您合作，在影响组织持续成功的四个关键领域（领导力、个人效能、文化和业务成果）中实现大规模的行为改变。我们结合基于数十年研发的强大内容、专家顾问和讲师，以及支持和强化能够持续发生行为改变的创新技术来实现这一目标。我们独特的方法始于人类效能的永恒原则。通过与我们合作，您将为组织中每个地区、每个层级的员工提供他们所需的思维方式、技能和工具，辅导他们完成影响之旅——一次变革性的学习体验。我们提供达成突破性成果的公式——内容+人+技术——富兰克林柯维完美整合了这三个方面，帮助领导者和团队达到新的绩效水平并更好地协同工作，从而带来卓越的业务成果。

富兰克林柯维公司足迹遍布全球160多个国家，拥有超过2000名员工，超过10万个企业内部认证讲师，共同致力于同一个使命：帮助世界各地的员工和组织成就卓越。本着坚定不移的原则，基于业已验证的实践基础，我们为客户提供知识、工具、方法、培训和思维领导力。富兰克林柯维公司每年服务超过15000家客户，包括90%的财富100强公司、75%以上的财富500强公司，以及数千家中小型企业和诸多政府机构和教育机构。

富兰克林柯维公司的备受赞誉的知识体系和学习经验充分体现在一系列的培训咨询产品中，并且可以根据组织和个人的需求定制。富兰克林柯维公司拥有经验丰富的顾问和讲师团队，能够将我们的产品内容和服务定制化，以多元化的交付方式满足您的人才、文化及业务需求。

富兰克林柯维公司自1996年进入中国，目前在北京、上海、广州、深圳设有分公司。
www.franklincovey.com.cn

更多详细信息请联系我们：

| 北京 | 朝阳区光华路1号北京嘉里中心写字楼南楼24层2418&2430室 |
| | 电话：（8610）8529 6928　　邮箱：marketingbj@franklincoveychina.cn |

柯维公众号

| 上海 | 黄浦区淮海中路381号上海中环广场28楼2825室 |
| | 电话：（8621）6391 5888　　邮箱：marketingsh@franklincoveychina.cn |

柯维视频号

| 广州 | 天河区华夏路26号雅居乐中心31楼F08室 |
| | 电话：（8620）8558 1860　　邮箱：marketinggz@franklincoveychina.cn |

| 深圳 | 福田区福华三路与金田路交汇处鼎和大厦21层C02室 |
| | 电话：（86755）8337 3806　　邮箱：marketingsz@franklincoveychina.cn |

柯维+

富兰克林柯维中国数字化解决方案:

　　「柯维+」(Coveyplus)是富兰克林柯维中国公司从2020年开始投资开发的数字化内容和学习管理平台,面向企业客户,以音频、视频和文字的形式传播富兰克林柯维独家版权的原创精品内容,覆盖富兰克林柯维公司全系列产品内容。

　　「柯维+」数字化内容的交付轻盈便捷,让客户能够用有限的预算将知识普及到最大的范围,是一种借助数字技术创造的高性价比交付方式。

　　如果您有兴趣评估「柯维+」的适用性,请添加微信coveyplus,联系柯维数字化学习团队的专员以获得体验账号。

富兰克林柯维公司在中国提供的解决方案包括:

I. 领导力发展:

高效能人士的七个习惯®(标准版) The 7 Habits of Highly Effective People®	THE 7 HABITS of Highly Effective People® SIGNATURE EDITION 4.0.	提高个体的生产力及影响力,培养更加高效且有责任感的成年人。
高效能人士的七个习惯®(基础版) The 7 Habits of Highly Effective People® Foundations	THE 7 HABITS of Highly Effective People® FOUNDATIONS	提高整体员工效能及个人成长以走向更加成熟和高绩效表现。
高效能经理的七个习惯® The 7 Habits® for Manager	THE 7 HABITS FOR Managers ESSENTIAL SKILLS AND TOOLS FOR LEADING TEAMS	领导团队与他人一起实现可持续成果的基本技能和工具。
领导者实践七个习惯® The 7 Habits® Leader Implementation	THE 7 HABITS® Leader Implementation COACHING YOUR TEAM TO HIGHER PERFORMANCE	基于七个习惯的理论工具辅导团队成员实现高绩效表现。
卓越领导4大天职™ The 4 Essential Roles of Leadership™	The 4 Essential Roles of LEADERSHIP™	卓越的领导者有意识地领导自己和团队与这些角色保持一致。
领导团队6关键™ The 6 Critical Practices for Leading a Team™	THE 6 CRIRICAL PRACTICES FOR LEADING A TEAM™	提供有效领导他人的关键角色所需的思维方式、技能和工具。
乘法领导者® Multipliers®	LIZ WISEMAN'S MULTIPLIERS® HOW THE BEST LEADERS IGNITE EVERYONE'S INTELLIGENCE	卓越的领导者需要激发每一个人的智慧以取得优秀的绩效结果。
无意识偏见™ Unconscious Bias™	UNCONSCIOUS BIAS™	帮助领导者和团队成员解决无意识偏见从而提高组织的绩效。
找到原因™:成功创新的关键 Find Out Why™: The Key to Successful Innovation	Find Out WHY™ THE KEY TO SUCCESSFUL INNOVATION	深入了解客户所期望的体验,利用这些知识来推动成功的创新。
变革管理™ Change Management™	CHANGE How to Turn Uncertainty Into Opportunity	学习可预测的变化模式并驾驭它以便有意识地确定如何前进。

培养商业敏感度™ Building Business Acumen™	**Building Business** ——**Acumen**™——	提升员工专业化，看到组织运作方式和他们如何影响最终盈利。

II. 战略共识落地：

高效执行四原则® The 4 Disciplines of Execution®	The 4 Disciplines of Execution	为组织和领导者提供创建高绩效文化及战略目标落地的系统。

III. 个人效能精进：

激发个人效能的五个选择® The 5 Choices to Extraordinary Productivity®	THE **5 CHOICES** to extraordinary productivity	将原则与神经科学相结合，更好地管理决策力、专注力和精力。
项目管理精华™ Project Management Essentials for the Unofficial Project Manager™	**PROJECT** **MANAGEMENT** **ESSENTIALS** For the *Unofficial Project Manager*	项目管理协会与富兰克林柯维联合研发以成功完成每类项目。
高级商务演示® Presentation Advantage®	Presentation—— ——Advantage® TOOLS FOR HIGHLY EFFECTIVE COMMUNICATION	学习科学演讲技能以便在知识时代更好地影响和说服他人。
高级商务写作® Writing Advantage®	Writing—— ——Advantage® TOOLS FOR HIGHLY EFFECTIVE COMMUNICATION	专业技能提高生产力，促进解决问题，减少沟通失败，建立信誉。
高级商务会议® Meeting Advantage®	Meeting—— ——Advantage® TOOLS FOR HIGHLY EFFECTIVE COMMUNICATION	高效会议促使参与者投入、负责并有助于提高人际技能和产能。

IV. 信任：

信任的速度™（经理版） Leading at the Speed of Trust™	Leading at the **SPEED** of **TRUST**	引领团队充满活力和参与度，更有效地协作以取得可持续成果。
信任的速度®（基础版） Speed of Trust®: Foundations	**SPEED** of **TRUST** FOUNDATIONS	建立信任是一项可学习的技能以提升沟通，创造力和参与度。

V. 顾问式销售：

帮助客户成功® Helping Clients Succeed®	H E L P I N G **CLIENTS** S U C C E E D®	运用世界顶级的思维方式和技能来完成更多的有效销售。

VI. 客户忠诚度：

引领客户忠诚度™ Leading Customer Loyalty™	**LEADING** CUSTOMER **LOYALTY**™	学习如何自下而上地引领员工和客户成为组织的衷心推动者。

助力组织和个人成就卓越

富兰克林柯维管理经典著作

《高效能人士的七个习惯》
（30周年纪念版）（2020新版）

书号：9787515360430
定价：79.00元

《高效能家庭的7个习惯》

书号：9787500652946
定价：59.00元

《高效能人士的第八个习惯》

书号：9787500660958
定价：59.00元

《要事第一》（升级版）

书号：9787515363998
定价：79.00元

《高效执行4原则2.0》

书号：9787515366708
定价：69.90元

《高效能人士的领导准则》

书号：9787515342597
定价：59.00元

《信任的速度》

书号：9787500682875

定价：59.00元

《项目管理精华》

书号：9787515341132

定价：33.00元

《信任和激励》

书号：9787515368825

定价：59.90元

《影响力进阶》

书号：9787515370132

定价：49.90元

《领导团队6关键》

书号：9787515365916

定价：59.90元

《无意识偏见》

书号：9787515365800

定价：59.90元

《从管理混乱到领导成功》

书号：9787515360386

定价：69.00元

《富兰克林柯维销售法》

书号：9787515366388

定价：49.00元

《实践7个习惯》

书号：9787500655404

定价：59.00元

《生命中最重要的》

书号：9787500654032
定价：59.00元

《释放天赋》

书号：9787515350653
定价：69.00元

《管理精要》

书号：9787515306063
定价：39.00元

《执行精要》

书号：9787515306605
定价：49.90元

《领导力精要》

书号：9787515306704
定价：39.00元

《杰出青少年的7个习惯》（精英版）

书号：9787515342672
定价：39.00元

《杰出青少年的7个习惯》（成长版）

书号：9787515335155
定价：29.00元

《杰出青少年的6个决定》（领袖版）

书号：9787515342658
定价：49.90元

《7个习惯教出优秀学生》（第2版）

书号：9787515342573
定价：39.90元

《如何让员工成为企业的竞争优势》

书号：9787515333519
定价：39.00元

《如何管理时间》

书号：9787515344485
定价：29.80元

《如何管理自己》

书号：9787515342795
定价：29.80元

《激发个人效能的五个选择》

书号：9787515332222
定价：29.00元

**《高效能人士的时间和
个人管理法则》**

书号：9787515319452
定价：49.00元

《释放潜能》

书号：9787515332895
定价：39.00元

**《公司在下一盘很大的棋，
机会留给靠谱的人》**

书号：9787515334790
定价：29.80元

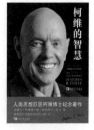

《柯维的智慧》

书号：9787515316871
定价：79.00元

**《高效能人士的七个习惯·每周
挑战并激励自己的52张卡片：
30周年纪念卡片》**

书号：9787515367064
定价：299.00元